# LES NOUVELLES RECHERCHES

## SUR LES

# ÉLÉMENTS NERVEUX

### Par J. DAGONET

Médecin adjoint de l'Asile Clinique (Sainte-Anne)

# PARIS

## OCTAVE DOIN, ÉDITEUR

8, PLACE DE L'ODÉON, 8

1893

AF341360

T 646
53

# LES NOUVELLES RECHERCHES

## SUR LES

# ÉLÉMENTS NERVEUX

## Par J. DAGONET

Médecin adjoint de l'Asile Clinique (Sainte-Anne)

## PARIS

### OCTAVE DOIN, ÉDITEUR

8, PLACE DE L'ODÉON, 8

—

1893

# LES NOUVELLES RECHERCHES

sur

# LES ÉLÉMENTS NERVEUX

## Par J. DAGONET

Médecin adjoint de l'Asile Clinique (Sainte-Anne).

Nous remercions M. Doin d'avoir bien voulu publier cette étude : elle a paru dans la *Médecine scientifique* (n^os de janvier et suivants), et M. le Prof. Gonzalez y Prats nous a fait l'honneur de la traduire dans la *Gaceta medica* de Grenade. Les faits nouveaux, qui y sont exposés, sont appelés à modifier profondément notre manière d'envisager le système nerveux.

Les travaux de Deiters, en 1865, sur les éléments nerveux, ont révolutionné l'anatomie, et la description que cet auteur a faite de la cellule nerveuse est restée classique jusqu'à nos jours. Deiters montrait qu'il fallait, dans les cellules multipolaires du cerveau et de la moelle, distinguer *deux sortes de prolongements*, les prolongements protoplasmiques, ramifiés, dont les extrémités semblaient se perdre dans « la substance fondamentale » et un autre prolongement, unique, de forme cylindrique, et qui s'entourait de myéline pour devenir une fibre nerveuse, isolée. Ce prolongement nerveux de Deiters avait été vu déjà par quelques autres auteurs, mais c'est à Deiters que revient le mérite d'avoir généralisé le fait et créé une loi de structure.

Bien des problèmes restaient à résoudre et des opinions divergentes se produisirent. Ainsi, Gerlach (1871) dit que les racines antérieures de la moelle sont bien formées par les fibres nerveuses venant directement des cellules nerveuses, c'est-à-dire du prolongement nerveux

de Deiters, mais les racines postérieures sensibles ont
une autre origine : elles ne proviennent pas directement
des cellules des cornes postérieures. Il existe dans la
substance grise de la moelle un réseau très riche de
fibrilles, réseau partout continu et qui est formé par les
dernières ramifications des prolongements protoplasmiques des cellules nerveuses des cornes antérieures et
postérieures  Ce réseau protoplasmique, d'après Gerlach,
donne naissance aux fibres sensitives des racines postérieures, qui proviennent ainsi d'une manière indirecte
des cellules nerveuses. Toutes les cellules nerveuses,
ajoute-t-il, n'ont pas le type de Deiters : ainsi il n'a pas
trouvé de prolongement cylindraxile dans les cellules de
la colonne de Clarke.

On était réduit aux hypothèses sur l'origine des fibres
nerveuses et les connexions des éléments nerveux,
lorsque, dans ces dernières années, des méthodes nouvelles dans la technique histologique ont jeté une vive
lumière sur ces questions obscures. Les méthodes de
Weigert, colorant d'une manière élective la myéline à
aide de l'hématoxyline, ont permis de suivre le trajet
des fibres nerveuses et ont montré que les choses n'étaient
pas aussi simples que le disait la théorie.

Une méthode non moins précieuse que celle de Weigert, et décrite par Golgi, en permettant d'imprégner par
les sels d'argent les cellules et les fibrilles nerveuses sans
myéline, nous mit en présence de faits réels et palpables.

Les découvertes de Golgi (1), à l'aide de cette méthode,
modifient profondément nos connaissances. Pour Golgi,
le *prolongement cylindraxile* de la cellule nerveuse n'est
pas simple et unique, comme le disait Deiters, mais ce
prolongement *se ramifie* et donne des *fibrilles collatérales*
avant de devenir une fibre à myéline. Sur un grand
nombre de cellules nerveuses, on voyait les prolongements cylindraxiles ou *nerveux* se ramifier très abondam-
ment et former un *réseau*. Ce réseau, d'après Golgi, était

(1) Golgi, *Arch. ital. de biologie*, 1880 et 1883.

continu dans la substance grise du système nerveux central ; il donnait naissance aux fibres nerveuses, mais il
n'était pas formé par les prolongements *protoplasmiques*
des cellules nerveuses, comme Gerlach l'admettait. Les
prolongements protoplasmiques des cellules étaient
larges, beaucoup plus ramifiés qu'on ne se l'imaginait et
ils présentaient sur leur parcours des varicosités et des
renflements. On les voyait s'étendre parfois à l'autre
moitié de la moelle, dans la substance blanche et jusqu'à
la périphérie de la moelle. *Ces prolongements protoplasmiques ne s'anastomosaient jamais* avec ceux des autres
cellules, comme l'avaient admis certains auteurs (Schrœ-
der van der Kolk, Mauthner, Lenhossek, etc.) ; mais ils se
terminaient *librement*, et souvent, d'après Golgi, ils se
fixaient par des renflements terminaux sur les cellules de
la névroglie, sur les parois des capillaires, comme on le
voyait surtout à l'hippocampe. Golgi considère ces prolongements protoplasmiques comme un appareil de
nutrition qui permet aux sucs nutritifs de diffuser jusqu'à
la cellule.

« En résumé, dit Waldeyer (1), les racines antérieures
et postérieures de la moelle ont, pour Golgi, une origine
analogue. elles sont en relation avec le réseau *nerveux* de
la substance grise ; les fibres nerveuses des racines antérieures sont de plus en rapport direct avec les cellules
motrices, tandis que leurs relations avec le réseau nerveux sont secondaires, puisqu'elles présentent peu de
fibres collatérales. Les fibres sensibles des racines postérieures n'ont pas de fibres isolées. »

Les découvertes de Golgi ont passé inaperçues pour les
uns ; pour les autres, elles ont été accueillies avec une
méfiance qui semblait justifiée : elles modifiaient trop,
en effet, nos idées sur la structure des éléments nerveux,
et le contrôle des histologistes le plus en renom leur faisait défaut. Rossbach et Sehrwald (1888) attaquèrent
directement la méthode de Golgi ; les figures obtenues

(1) Waldeyer, *Deutsche med. Woch.*, 1891.

par Golgi, disaient-ils, n'étaient autres que des précipités d'argent à la surface des cellules et dans les espaces
lymphatiques péricellulaires et périfibrillaires. Cette
objection n'était pas absolument fondée, l'argent pénètre
aussi dans la cellule nerveuse, et s'y dépose avec une
finesse extrême, tandis que le noyau reste beaucoup plus
pâle. Comme le fait observer justement Ramon y Cajal,
les cellules imprégnées d'argent ne sont pas augmentées
de volume et les espaces lymphatiques de la cornée, par
exemple, ou les vaisseaux lymphatiques ne sont pas imprégnés par la méthode de Golgi. Cette méthode n'est pas
spécifique : en effet, elle colore les épithéliums, les corpuscules conjonctifs, les muscles striés, etc. ; ajoutons
qu'elle donne souvent des insuccès ou ne colore que certaines parties de la substance nerveuse.

Forel (1), le premier, rompit le long silence qui accueillait les découvertes de Golgi, dont il fallait cependant
tenir le plus grand compte. Forel disait que les deux
types de cellules nerveuses, le type de Deiters avec prolongement cylindraxile unique, et le type de Golgi, cellule nerveuse avec cylindraxe ramifié existaient, mais il
s'élevait avec raison contre l'opinion exagérée de Golgi
qui distinguait ces cellules en cellules motrices et cellules
sensitives : la forme n'est rien, la situation est tout. Forel
pensait aussi que le *réseau anastomotique*, décrit par Golgi
dans toute l'étendue de la substance grise, pouvait être
seulement une apparence de réseau (Scheinnetz) et que
la transmission nerveuse pouvait se faire par simple contact et non par continuité comme cela se voit pour les
courants électriques. His avait combattu déjà l'opinion
de Gerlach sur le réseau nerveux.

Des recherches toutes récentes, le contrôle de savants
renommés, et l'emploi d'autres méthodes, celle d'Ehrlich,
avec le bleu de méthylène, qui fut utilisée surtout par
Retzius, ont été la source de nouvelles découvertes. Les
faits vus par Golgi ont été confirmés, mais quelques-unes

(1) Forel, *Arch. f. Psychiatrie*. 1887.

des opinions qu'il avait émises, ont été réfutées. Les auteurs auxquels nous devons des données plus exactes sont : Ramon y Cajal, Kölliker, Retzius, Fritjof Nansen. His, Waldeyer, van Gehuchten, von Lenhossek, etc.

On a tout d'abord fait un emploi plus judicieux de la méthode de Golgi, en examinant des embryons d'animaux et des embryons humains; les fibrilles nerveuses se coloraient plus facilement, on évitait l'obstacle apporté par la myéline à la coloration, les éléments offraient de plus une structure et des connexions plus simples. Il fut possible alors de résoudre bien des questions, en s'appuyant sur le développement embryonnaire du système nerveux et sur l'anatomie comparée.

Ramon y Cajal (1) a montré que les anastomoses du réseau nerveux de Golgi n'existaient pas; les fibrilles latérales existaient, mais elles se terminaient librement. dans la substance grise du système nerveux, par des *arborisations* variqueuses et dépourvues de myéline. Presque toutes les fibres médullaires qui pénètrent dans la substance grise sont des fibres collatérales. Il n'y aurait que deux exceptions à ces règles générales : le réseau sympathique des vertébrés, et les cellules nerveuses anastomosées des insectes. Les branches collatérales se détachent du prolongement cylindraxile ou de la fibre nerveuse à angle droit, au niveau des étranglements annulaires de Ranvier. En ce qui concerne les deux types de cellules admis par Golgi, type moteur et type sensitif, on ne peut les opposer au point de vue fonctionnel, suivant la critique si juste de Forel; d'après leurs caractères anatomiques et au point de vue de la forme, la distinction n'est pas plus justifiée. Tous les organes moteurs ou sensitifs contiennent des cellules des deux types, et ces cellules nerveuses ne sont pas aussi différentes que Golgi l'admettait, ce sont : soit des cellules à *long prolongement,* nerveux (cellule de Deiters), soit des cellules à *court prolongement* (cellule de Golgi). Tous ces prolongements

(1) Ramon y Cajal, *Anatomischer Anzeiger*, 1890.

nerveux se terminent par des *arborisations terminales*, pour employer l'expression du professeur Ranvier, et comme on le voit dans les muscles.

Le prolongement nerveux de la cellule est presque toujours unique ; il en est ainsi pour les cellules de la moelle et du cerveau, mais on observe aussi des prolongements multiples comme chez les invertébrés, dans les ganglions sympathiques, et des prolongements doubles, comme dans les cellules nerveuses découvertes par Ramon y Cajal dans l'écorce cérébrale du lapin. Ces cellules sont *bipolaires* ou triangulaires, elles ont des prolongements protoplasmiques horizontaux, et deux prolongements cylindraxiles ramifiés.

Nous conservons, pour décrire les cellules nerveuses, les expressions de bipolaires, multipolaires, etc., qui désignent le nombre des prolongements partant de la cellule nerveuse, mais Schiefferdecker (1) fait remarquer que ce nom ne peut avoir de valeur qu'à la condition de voir partir des différents prolongements cellulaires des fibres nerveuses ou des anastomoses allant dans différentes directions. Les prolongements protoplasmiques n'ont pas ce rôle, et les *prolongements nerveux seuls* doivent entrer en cause. Les cellules de Ramon y Cajal, dont nous venons de parler, sont donc bien des cellules bipolaires, mais les cellules du système nerveux central, qui ont toujours été désignées sous le nom de multipolaires et qui n'ont pourtant qu'un prolongement nerveux, doivent être considérées comme des cellules unipolaires.

Ramon y Cajal s'est élevé contre l'opinion trop absolue de Golgi, qui considère le prolongement protoplasmique comme ayant un *rôle purement nutritif*. Ces prolongements ont, en effet, la même structure les mêmes réactions que la cellule nerveuse. On voit les prolongements d'une même cellule s'anastomoser ; d'autres fois, ils donnent naissance à un prolongement nerveux. Ramon y Cajal prétend, d'autre part, qu'il existe, pour l'appareil

______

(1) Schiefferdecker, *Gewebelehre*, 1891.

de l'olfaction, par exemple, une transmission de l'extrémité terminale des fibres nerveuses, partant de la
muqueuse olfactive, et venant impressionner les prolongements protoplasmiques des cellules « empanachées »
des glomérules olfactifs.

On ne peut nier le rôle nerveux du prolongement protoplasmique; ce prolongement donne à la cellule nerveuse une plus grande surface, il est en somme, comme
le dit Schiefferdecker, la cellule même. L'opinion de
Golgi n'en est pas moins fort intéressante, et Kölliker (1)
est bien moins affirmatif que Ramon y Cajal, tout en
penchant pour le rôle nerveux des prolongements protoplasmiques; il ajoute même qu'il ne saurait se prononcer
(discours à la Société anatomique de Munich 18 mai 1891).
Ces prolongements jouent un rôle, comme les prolongements des corpuscules conjonctifs, des cellules de pig-
ment; ils se ramifient dans toutes les directions, et
contre leur nature nerveuse se trouve ce fait signalé par
Golgi, et confirmé par Kölliker et Nansen, que dans la
moelle certains prolongements protoplasmiques s'étendent dans la substance blanche et même jusqu'à la surface de la moelle pour s'y terminer par des renflements
(comme on le voit chez la myxine, poisson de l'ordre des
chondroptérygiens). Pour Sala les prolongements protoplasmiques des cellules du fascia dentata se dirigent vers
les parties où il n'existe pas de fibres nerveuses, vers la
couche de névroglie. Nansen (de Bergen) insiste aussi
sur la direction périphérique des prolongements protoplasmiques, « les cellules superficielles, dit-il, n'ont pas
besoin de prolongements protoplasmiques, elles sont
près de la surface pour recevoir leur nourriture; les cellules des couches profondes ont, au contraire, beaucoup
de prolongements ».

En résumé, ces prolongements se divisent et se sub-
divisent comme les racines d'un arbre et c'est une condition qui favorise la nutrition cellulaire. Cette fonction

_______

(1) Kölliker, *Anat. Anzeiger*, vol. VI.

nutritive n'exclut pas la conductibilité nerveuse. Kölliker admet que la fonction nerveuse des prolongements protoplasmiques est indéniable dans les organes des sens, tandis qu'elle ferait défaut dans la « sphère somatique » du système nerveux.

En tout cas le prolongement protoplasmique doit être identifié avec la cellule et son rôle sera celui de la cellule nerveuse.

Quelle est la fonction de la cellule nerveuse ?

Pour Nansen (1), la plus importante des fonctions de la cellule est la fonction nutritive : la cellule nerveuse est le centre nutritif de la fibre nerveuse. La cellule et ses prolongements prennent et assimilent les matériaux de nutrition. Il y a très probablement, dit-il, des courants qui vont de la cellule vers les fibres et inversement. Rappelons que, pour cet auteur, les *fibrilles* nerveuses seraient des tubes dont la paroi (spongio-plasma) contiendrait une substance hyaline demi-fluide qu'il appelle hyaloplasma. A propos des courants protoplasmiques (mouvement de rotation du protoplasma et mouvement de circulation à la surface interne du tube protoplasmique), nous nous contenterons de rappeler les travaux de Quincke et d'autres auteurs. Quincke a cherché à produire expérimentalement ces mouvements, et il les a comparés aux courants qui se produisent dans les émulsions, quand l'huile contenant les acides gras arrive au contact des liquides alcalins.

La structure des fibrilles nerveuses, décrite par Nansen, n'est pas admise généralement, et Schiefferdecker considère le cylindraxe comme composé, non de tubes, mais de fibrilles nerveuses au sein d'une substance homogène, l'axoplasma. La nutrition de la fibre nerveuse se fait entre le cylindraxe et la myéline. Ces substances, en effet, sont complètement différentes : elles peuvent être considérées comme accolées l'une à l'autre à la manière des membranes séreuses, et c'est dans cet *espace périaxiale*,

(1) Nansen, *Anat. Anzeiger*, 1888, p. 167.

suivant l'expression de Schiefferdecker, que circulerait la lymphe.

Pour Nansen les réflexes se transmettent par les fibrilles nerveuses sans participation de la cellule nerveuse, et le plexus nerveux des fibrilles centrales est le siège des fonctions psycho-motrices et psycho-sensorielles.

Cette opinion est en partie justifiée, mais elle est trop absolue. Bien des réflexes, il est vrai, se transmettent par les fibres nerveuses, sans participation de la cellule; on peut dire aussi que le plexus nerveux présente un certain rapport avec les fonctions nerveuses et qu'il est plus riche chez les animaux plus élevés.

En anatomie pathologique, les beaux travaux de Tuczek montrent aussi chez l'homme l'importance de ce plexus : cet auteur a constaté qu'un très grand nombre de fibres à myéline de l'écorce cérébrale, disparaissaient dans la paralysie générale, et cette destruction explique les troubles de l'association des idées de ces malades.

Il est permis, je pense, de faire encore une autre hypothèse et de supposer que ces fibres si multiples sont dans les meilleures conditions pour recevoir certaines impressions et conserver le souvenir de ces impressions, c'est-à-dire que ces fibrilles nerveuses peuvent être considérées comme autant d'organes de spécialisation.

Ces considérations cependant ne doivent pas diminuer l'importance de la cellule nerveuse. Son rôle nutritif est indéniable, mais comme les fibrilles nerveuses, la cellule a un rôle actif dans le système nerveux.

Comme le dit Kölliker, on ne peut nier le rôle nerveux de la cellule dans les organes des sens par exemple. La cellule recueille les impressions extérieures et les transmet à la fibre sensorielle, périphérique; la cellule motrice donne l'impulsion au muscle par la fibre motrice, qui est souvent isolée et ne présente que rarement des fibres collatérales, la mettant en rapport avec le plexus nerveux de la moelle.

## EMBRYOLOGIE

C'est à *l'embryologie* que revient la plus grande part dans la solution des problèmes sur les connexions des éléments nerveux, et nous devons beaucoup aux travaux de His qui, pour ces recherches, s'est servi des méthodes nouvelles.

L'embryologie a confirmé le fait de l'indépendance absolue de la cellule nerveuse et de la fibre nerveuse ; le développement de ces éléments est particulièrement instructif. Ce développement a été aussi suivi par Lenhossek sur les embryons humains, de la deuxième à la troisième semaine, et par Ramon y Cajal sur le poulet, du troisième au dixième jour d'incubation.

D'après His (1), on voit les cellules épithéliales primitives, qui sont disposées sur une seule couche présenter des modifications intéressantes : au début, elles ressemblent à des cellules muqueuses. Ceci ne doit pas nous étonner car ces transformations se produisent habituellement dans les ectoblastes.

Le protoplasma des cellules épithéliales modifiées, ou des *spongioblastes*, devient plus étiré *du côté central* et prend la forme d'une strie. Il résulte donc de la rangée des cellules une première couche de stries ou de piliers (Säulenschicht) dont les extrémités terminales s'unissent pour former

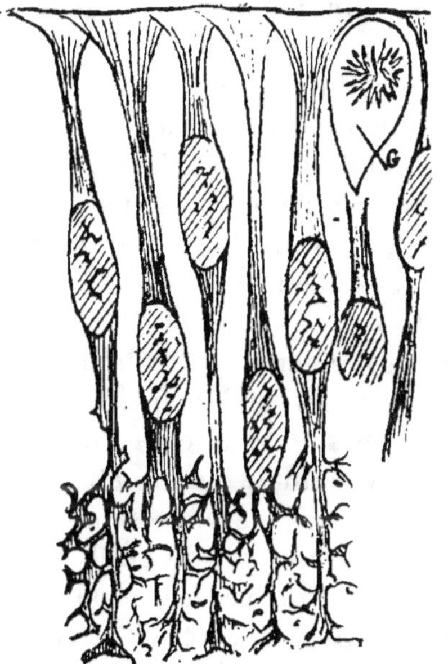

Fig. I. D'après His. Spongioblastes.
*G.* Cellule germinative entre les piliers.
une membrane limitante.

(1) His, Arch. für Anat. u. Physiologie, 1890.

Du *côté périphérique* (Randschleier) le protoplasma des spongioblastes s'est infiltré de substance muqueuse, il prend une apparence spongieuse et forme avec les autres cellules un réseau ou myélospongium, à larges mailles. dont les rayons sont dirigés vers la périphérie.

D'après His les spongioblastes sont l'origine du système de soutènement, de la névroglie. Plus tard des cellules conjonctives amiboïdes s'interposent. La névroglie, pour His, est donc un mélange de myélospongium et d'éléments conjonctifs secondaires provenant de la pie-mère et des vaisseaux. Les cellules de Deiters en pinceau seraient des cellules conjonctives. Entre les spongioblastes, dans les espaces laissés libres par les piliers, His décrit des cellules d'un autre aspect, les *Keimzellen* ou cellules germinatives (voir fig. 1.); elles sont arrondies et envoient à la périphérie un prolongement effilé, le prolongement nerveux. Ces cellules modifiées sont appelées par His les *névroblastes.*

Pour Ramon y Cajal (1) les cellules nerveuses primitives ou névroblastes proviennent de la couche ectodermique, ce sont des éléments épithéliaux déplacés. Elles ont la forme de poire, parce qu'elles possèdent une expansion interne épendymale, très courte. Cette expansion plus tard s'atrophie ou devient au contraire le premier prolongement protoplasmique; bientôt la cellule envoie vers la périphérie un prolongement, le cylindraxe. Ce prolongement se termine par un renflement ou *cône d'accroissement* hérissé de petites saillies et qui n'est pas autre chose qu'une aborisation terminale en miniature.

D'après Ramon y Cajal, les cellules nerveuses passent par trois phases : Une *première phase,* phase épithéliale où la cellule est tout d'abord *bipolaire* avec ces prolongements, épendymaire et cylindraxile ; une *deuxième phase* où la cellule devient *unipolaire.* par suite de l'atrophie du prolongement épendymaire, et une *dernière phase* pen-

(1) Anat. Anzeiger, 1890.

dant laquelle la cellule devient *multipolaire*, ou phase des *projections protoplasmiques.*

Les expansions protoplasmiques que His appelle *dendrites* se développent secondairement, après le prolongement nerveux, vers la fin du deuxième mois, dans l'embryon humain. Vignal a montré que ce développement des cellules nerveuses et des dendrites n'était pas le même partout, mais qu'il se produisait plus tard dans les hémisphères cérébraux que dans la moelle. Les prolongements protoplasmiques sont variqueux, et leurs extrémités souvent arrondies et renflées. Ces renflements qui se montrent aussi sur le parcours des fibres nerveuses et leur donnent souvent l'aspect d'un chapelet doivent être considérés comme des accumulations de matériaux de nutrition.

Nous avons parlé de l'abondance des fibrilles qui existent dans toute la hauteur du système nerveux, et qui, pour Gerlach et Golgi, formeraient des mailles et seraient un réseau nerveux. L'embryologie a permis aussi de montrer que les fibrilles qui composent ce soi-disant réseau, étaient indépendantes, sans anastomoses comme Golgi l'admettait à tort. « Le réseau anastomotique nerveux » est donc un feutrage (Nervenfilz); His l'a dénommé *neuropilem*. Il est formé, nous l'avons vu, par les terminaisons collatérales qui se détachent de la fibre nerveuse.

L'embryologie a permis de redresser une dernière erreur de Golgi relativement à l'origine des fibres sensitives des racines postérieures.

Les cellules nerveuses des *ganglions spinaux* proviennent de l'ectoderme, leurs extrémités s'étirent pour donner naissance à deux fibres nerveuses, terminées par des cônes d'accroissement, le noyau et le corps cellulaire restant excentriques aux fibres. L'une des fibres va à la périphérie, dans l'épiderme, la muqueuse, etc., l'autre fibre, centrale, se dirige vers la moelle, traverse la substance blanche et se termine librement dans la substance grise. (Voir fig. II.) Les cellules ne restent pas bipolaires chez l'homme, mais elles deviennent peu à peu unipolaires, et les fibres prennent la disposition en T. de Ranvier. Golgi prenait pour l'origine des fibres sensitives, dans les cornes postérieures, ce qui n'était que la terminaison {de ces fibres.

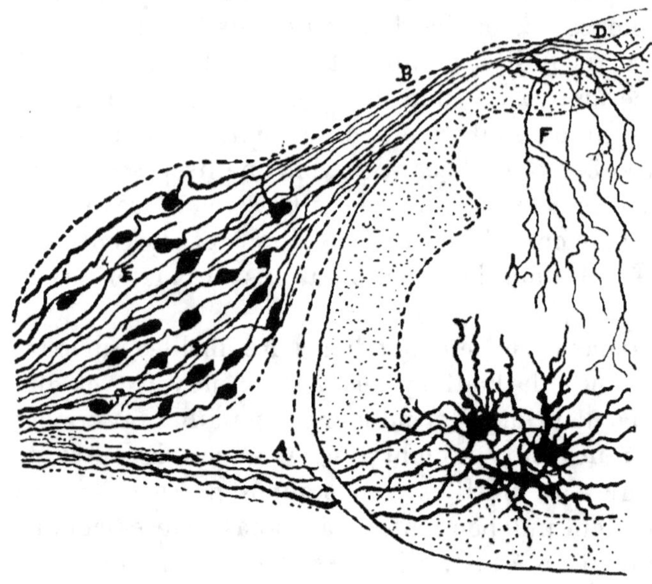



Fig. II. D'après Cajal. Coupe transversale de la moelle dorsale, des racines et d'un ganglion rachidien. Embryon de poulet au 9<sup>e</sup> jour de l'incubation.

*A*. Racine antérieure. — *B*. Racine postérieure. — *C*. Cylindre-axe d'une cellule motrice. — *D*. Portion intra-médullaire des racines postérieures. — *E*. Ganglion rachidien. — *F*. Branches collatérales avec leur terminaison.

« La conception du système nerveux est donc très simple, dit Waldeyer, il peut être considéré comme composé d'unités nerveuses, nombreuses, indépendantes les unes des autres anatomiquement et génétiquement, de *neurones*. Le neurone comprend trois éléments principaux, une cellule nerveuse, le prolongement nerveux ou la fibre nerveuse, longue dans la cellule de Deiters, courte dans la cellule de Golgi et la terminaison ou arborisation terminale. »

## NÉVROGLIE

Dans le développement embryologique, nous avons vu que la névroglie avait une origine épithéliale. Il est inutile de rappeler que ce tissu avait été longtemps considéré comme un tissu conjonctif. D'après Waldeyer, c'est Alexandre Götte (1875) qui aurait le premier affirmé que les éléments de la névroglie provenaient de la même couche cellulaire que les éléments nerveux; cette origine a été admise entre autres par le prof. Ranvier, Renaut et Vignal.

Tout d'abord, il faut distinguer ici deux systèmes: le système épendymaire et la névroglie, à proprement parler.

1° *Les cellules de l'épendyme* ou neuro-épithéliales sont les éléments qui apparaissent les premiers. Chez les animaux inférieurs, elles constituent tout le système de soutènement de l'organe nerveux central. Ces cellules, d'après v. Lenhossek, n'ont point de cils, mais un bourrelet cuticulaire interne; elles envoient vers la périphérie des expansions qui ont été bien décrites par Vignal (1), mais c'est à Golgi (1885) que revient le mérite d'avoir montré, à l'aide des imprégnations d'argent, que ces longues fibres « radiales » traversent toute la moelle pour se terminer dans la couche de névroglie, sous la pie-mère, à laquelle elles s'insèrent par un renflement conique suivant l'opinion de Ramon y Cajal. D'après cet auteur, les fibres épendymaires ne s'anastomosent pas; elles présentent le long de leur trajet des ramifications épineuses et des varicosités. Au sortir de la substance grise de la moelle et en arrivant dans la substance blanche, elles envoient quelques rameaux latéraux qui s'infléchissent, puis se dirigent de nouveau vers la périphérie, sous la forme de rayons. Dans la partie médiane et *antérieure* de la moelle, les fibres épendymaires sont arquées et prennent une disposition *fasciculée* et *en coin* d'après Retzius et His. En

(1) Archives de Physiol. normale et path. 1884.

arrière, les fibres sont rectilignes, elles se réunissent de même pour former le sillon *postérieur*.

Lenhossek (1) fait remarquer qu'il n'y a pas de fissure postérieure ; la moelle n'est pas divisé en arrière, et on ne doit pas admettre un prolongement de la pie-mère dans cette fissure.

A côté de ces deux faisceaux, antérieur et postérieur, on voit aussi des fibres épendymaires, plus espacées, se détacher des parties latérales, et Vignal a constaté ce fait. Ces fibres *radiées latérales* décrivent des courbes à convexité antérieure et traversent les cornes antérieures. Dans les parties latérales et postérieures de la moelle, elles n'existent pas, et Lenhossek dit que les cornes postérieures ne sont pas traversées par les fibres épendymaires.

Les fibres latérales s'atrophient plus tard. Ramon y Cajal admet que cette atrophie se produit en même temps que les éléments de la névroglie se développent, comme on le voit chez les animaux supérieurs et chez l'homme.

2° *Les cellules de la névroglie* sont superficielles ou profondes. Elles dérivent du système épendymaire, mais n'ont plus de relation avec la paroi ventriculaire. Ce sont pour Ramon y Cajal des cellules épendymaires transformées et déplacées, et on peut suivre les transitions sur les embryons de poulet. Dans la substance blanche, ajoute-t-il, les cellules araignées de Jastrowitz et Deiters montrent un filament central, qui n'est autre que le prolongement *ventriculaire* ou épendymaire, et des expansions irradiées, périphériques, ou prolongements *radiaux*.

Contrairement à l'opinion de Ranvier, les ramifications provenant des cellules de névroglie ne s'anastomosent pas, ne forment pas de mailles autour des éléments nerveux. Dans la période embryonnaire ces cellules de névroglie ont une direction radiée comme les fibres épendymaires, et Lenhossek insiste plus particulièrement sur cette disposition ; leur axe, dit-il, est allongé

(1) Fortschritte der Medicin. 1892.

dans ce sens, plus tard ces corpuscules deviennent étoilés.

D'après cet auteur, la disposition des corpuscules de névroglie dans la commissure grise postérieure ne serait plus radiée, mais les cellules de névroglie sont perpendiculaires aux fibres de l'épendyme qui forment le septum postérieur de la moelle. Les fibres de névroglie qui partent de ces cellules décrivent une courbe en forme de S pour se diriger vers la périphérie sans se ramifier.

*La substance fondamentale* homogène et transparente ou granuleuse qui a été décrite à côté des fibres et des cellules de névroglie n'existe pas (Weigert et Lenhossek).

La névroglie est donc un tissu épithélial. Pour His, des éléments conjonctifs, comme nous l'avons vu plus haut, feraient partie de la névroglie, les cellules « en pinceau » par exemple, qui résultent de la pénétration du tissu conjonctif. Ramon y Cajal dit aussi que certains éléments de la névroglie sont d'origine vasculaire, et qu'ils se développent de la paroi des vaisseaux ; ce fait aurait également été constaté par Lacchi.

Lenhossek, contrairement à ces auteurs, nie la présence du tissu conjonctif dans la névroglie ; il combat ce qu'il appelle « l'opinion dualiste » sur la névroglie, dont le développement est exclusivement ectodermique. On ne saurait, en effet, admettre une double origine pour la névroglie, mais il est permis de faire une légère réserve, et de penser, comme His et Ramon y Cajal, que plus tard la pénétration du tissu conjonctif rend la structure de la névroglie plus complexe, et qu'elle peut être l'origine de certains éléments surajoutés.

## MOELLE

Substance blanche. — Les nouvelles méthodes n'ont pas apporté de changements notables dans la topographie de la moelle, mais elles ont montré un certain nombre de faits nouveaux qui nous obligent à modifier nos vues sur l'anatomie descriptive, si la direction d'un grand nombre de fibres est bien connue. Nous résumerons l'étude si complète de Lenhossek (2) sur la moelle.

Pour les *racines postérieures* de la moelle, l'erreur, jusqu'aux recherches de Cajal, a consisté à prendre pour la continuation directe des fibres des racines postérieures ce qui n'était que des branches collatérales. Nous avons déjà dit que ces fibres ont leur origine et leur centre trophique dans les ganglions spinaux, elles pénètrent dans la moelle pour s'y terminer librement.

Il n'y a pas dans la moelle, comme on l'avait longtemps admis, de noyaux d'origine des nerfs sensibles, mais, suivant l'expression de His, des noyaux terminaux qui recueillent les impressions périphériques et les transmettent par les branches collatérales avec d'autant plus d'intensité que le chemin est plus court.

Les lésions de racines postérieures et des parties dorsales de la moelle déterminent des lésions ascendantes qui peuvent aller jusqu'à la moelle allongée (dégénérescence ascendante secondaire de Turck), et aussi des lésions descendantes qui s'arrêtent assez rapidement à 2 cent. 1/2 environ au-dessous de la lésion. Ce dernier fait se comprend facilement puisque les fibres des racines postérieures, en pénétrant dans la moelle donnent une branche ascendante et une branche descendante (fibre en T, de Ramon y Cajal). La branche descendante se termine dans la substance grise, après un trajet relativement court.

Les *cordons postérieurs* sont en grande partie le prolongement des racines postérieures. Les rameaux ascendant et descendant des fibres des racines postérieures donnent des *collatérales* qui sont horizontales sur une coupe transversale de la moelle et dont le nombre varie suivant la longueur de la fibre principale. Kölliker a compté chez un embryon sur une branche de quelques milli-

(2) Lenhossek, Fortschr. der Med. 1892.

mètres neuf collatérales. Les fibres principales comme leurs collatérales pénètrent toutes dans la substance grise successivement et en échelle pour se terminer librement entre les cellules nerveuses. Un certain nombre de collatérales traversent directement la substance de Rolando.

D'autres collatérales pénètrent dans le faisceau de Burdach, vont au bord médian de la corne postérieure pour se terminer dans les colonnes de Clarke. Elles forment des corbeilles autour des cellules nerveuses et conservent leur gaine de myéline jusque vers leur terminaison (Cajal) contrairement aux autres collatérales.

D'après Lissauer (1), ces fibres, habituellement très nombreuses, sont les premières atteintes dans le tabes, et, avec la méthode de Weigert, il y a un contraste frappant, dû à la disparition de leur gaine de myéline, avec les parties avoisinantes. Les cellules nerveuses de Clarke-Stilling restent intactes. Lissauer rappelle aussi à ce sujet l'opinion de Leyden (2), qui considère comme constants l'amincissement et l'atrophie des fibres des racines postérieures qui, de la périphérie, vont aux colonnes de Clarke au travers des cornes postérieures et de celles qui traversent la zone externe des cordons postérieurs. Les fibres de Lissauer doivent conduire les excitations pour la coordination musculaire suivant l'hypothèse ingénieuse de Charcot et de Pitres. Un faisceau de collatérales se détache des fibres précédentes pour se terminer, non plus dans la colonne de Clarke, mais dans la corne antérieure (Cajal). Kölliker l'appelle le faisceau des *collatéral·s réflexes*, car elles montrent clairement comment les réflexes (sensitivo-moteurs) peuvent se produire.

Nous avons dit déjà que les branches ascendantes des fibres des racines postérieures se terminaient à différentes hauteurs. Il en est de particulièrement longues qui vont jusqu'à la moelle allongée et jusqu'à la hauteur

(1) Lissauer, Fortschr. der Med. 1884, p. 112.
(2) Leyden, Tabes dorsalis. Realencyclopediede Eulenburg. Vol. XIII, p. 367.

de la sortie du nerf pneumogastrique (Auerbach). Ces fibres ascendantes forment le *cordon de Goll*. Elles sont refoulées vers les parties médianes, contre le septum, de telle sorte que les fibres les plus inférieures, c'est-à-dire celles qui sont la continuation des racines du nerf sciatique, occupent les parties les plus médianes.

L'opinion de Takacs et de Bechterew, d'après laquelle les cordons de Goll recevraient des fibres venant des cellules de Clarke, est inadmissible.

Le revêtement de myéline des fibres des racines et des cordons postérieurs se produit successivement d'après Flechsig : il s'agit probablement ici de fibres nerveuses qui ont une action physiologique différente, une origine périphérique autre (peau, muscles, viscères).

Ces fibres forment un *I<sup>er</sup> système* dans la substance blanche de la moelle : elles continuent les racines postérieures, viennent des ganglions spinaux et se terminent dans la moelle. Le *II<sup>e</sup> système* comprend les fibres descendantes qui proviennent des cellules cérébrales ; le *III<sup>e</sup> système*, les fibres des cellules des cordons. Tels sont les trois ordres de fibres qui composent les cordons médullaires.

Pour être complet, ajoutons que dans les cordons postérieurs de la moelle quelques fibres proviennent des cellules des cornes postérieures, mais elles sont en très petit nombre. Chez les embryons d'oiseaux, Lenhossek et Ramon y Cajal ont décrit aussi des prolongements nerveux des cellules des cornes antérieures qui se dirigent en arrière pour traverser les racines postérieures et le ganglion spinal sans avoir de relations avec les cellules nerveuses de ce ganglion. Kölliker pense que ce sont là des fibres centrifuges appartenant au sympathique.

*La commissure postérieure* est formée exclusivement par les fibres collatérales sensibles ; elles partent des régions antérieures du faisceau de Burdach pour se terminer par arborisation dans la colonne de Clarke de l'autre côté. Des fibres du faisceau de Burdach du côté opposé, c'est-à-dire des fibres non croisées, se joignent à elles.

Chez les animaux, Ramon y Cajal a décrit des collatérales venant de la partie postérieure du faisceau latéral et allant dans la commissure postérieure, fait qui est admis par Kölliker et van Gehuchten. Des dendrites des cellules des cornes postérieures traversent également la ligne médiane, et vont dans la commissure postérieure.

Les fibres descendantes du II<sup>e</sup> système sont celles du *faisceau pyramidal*. Chez l'homme le faisceau pyramidal est composé d'un faisceau direct et d'un faisceau croisé ; chez les animaux le faisceau direct n'existe pas. Les fibres du faisceau direct, non croisé, doivent cependant se croiser peu à peu dans la moelle, puisque les lésions du faisceau pyramidal dans le cerveau déterminent toujours des phénomènes croisés de paralysie. Le faisceau pyramidal *croisé* se trouve situé dans le cordon latéral chez le chien, le chat et le lapin, il est à l'extrémité antérieure des cordons postérieurs chez le cochon d'Inde, le rat et la souris.

Ces deux faisceaux représentent les prolongements cylindraxiles des cellules des régions motrices du cerveau, qui se terminent probablement à différentes hauteurs de la moelle entre les cellules des cornes antérieures. Lenhossek n'a pu obtenir d'imprégnation d'argent sur les collatérales de ces faisceaux. Il est probable cependant que ces collatérales existent ; elles doivent s'associer à celles des cordons antéro-latéraux pour pénétrer dans la substance grise, et Fürstner a montré que, dans la dégénérescence du faisceau pyramidal, les fibres à myéline dans la corne antérieure étaient moins nombreuses.

Nous aurons peu de choses à dire du III<sup>e</sup> système. Les *fibres longues* forment le faisceau cérébelleux et le faisceau de Gowers. Le *faisceau cérébelleux* est constitué par les fibres qui viennent des cellules de Clarke ; leur section produit une dégénérescence ascendante, mais on trouve un certain nombre de fibres qui restent intactes et qui pour Lenhossek seraient des branches descendantes. Dans la région dorso-lombaire on voit la zone moyenne de la substance grise qui est traversée transversalement par le *faisceau cérébelleux horizontal* de Flechsig. c'est-à-dire par les prolongements nerveux des cellules de Clarke.

Le *faisceau de Gowers* forme un croissant en avant du faisceau cérébelleux et il s'étend jusqu'aux racines antérieures de la moelle. La pathologie montre ainsi qu'il s'agit d'un système de fibres dont les lésions sont suivies de dégénérescence ascendante. Les fibres longues qui le composent proviennent des cellules nerveuses de la zone moyenne, et leur terminaison est inconnue. Les collatérales de ce faisceau sont en rapport avec les cellules motrices ; elles pénètrent la substance grise directement ou elles contournent la corne antérieure pour la pénétrer d'arrière en avant.

Les autres fibres de la substance blanche sont principalement représentées par des *fibres courtes*. Dans les *cordons antérieurs*, elles proviennent des cellules commissurales et des cellules situées dans les parties antérieures et médianes de la substance grise ; leurs collatérales les plus fines se trouvent à la partie interne des cordons antérieurs. Dans les *cordons latéraux*, les fibres proviennent des cellules de la zone médiane : elles émettent de très nombreuses collatérales qui rayonnent dans la substance grise et se terminent en pinceau vers le groupe latéral des cellules nerveuses.

La terminaison de toutes ces collatérales forme un feutrage autour des cellules nerveuses, le neuropilem de His. Ce feutrage est surtout marqué dans les cornes postérieures. Devant la substance de Rolando il est si abondant que les méthodes de Weigert et de Golgi produisent pour ainsi dire une tache que Waldeyer appelle le noyau des cornes postérieures.

Substance grise. — La topographie des groupes des cellules nerveuses est connue ; rappelons pourtant que Golgi a établi ce fait que des cellules nerveuses bien différentes pouvaient être placées dans un même groupe.

Ramon y Cajal décrit dans la substance grise de la moelle cinq variétés de cellules : les cellules des racines antérieures, les cellules commissurales, les cellules d'un cordon, les cellules de plusieurs cordons, et les cellules à court prolongement nerveux. Nous nous proposons de résumer ici le travail de Lenhossek dont la classification se rapproche sensiblement de celle de Ramon y Cajal. Lenhossek admet trois grandes divisions qui sont : I les cellules motrices, II les cellules à long prolongement ou cellules des cordons, III les cellules à prolongement court.

I. Les cellules *motrices* ont été bien décrites ; elles forment les noyaux d'origine des racines antérieures du même côté. Dans la partie supérieure de la moelle cervicale et dans la moelle dorsale il n'existe qu'un seul groupe de cellules motrices, tandis que, dans le renflement lombaire il y en a deux, les noyaux antéro-latéral et postéro-latéral de Waldeyer ou antéro-médian et postéro-latéral — le groupe médian ou troisième noyau cellulaire de la corne antérieure est composé de cellules commissurales. ·

II. Les cellules des *cordons* comprennent différentes variétés : les cellules commissurales, dont le prolongement nerveux passe par la commissure antérieure pour aller dans l'autre moitié de la moelle ; les cellules des cordons, à proprement parler, dont le prolongement indivis ou multiple va dans les cordons antérieur, latéral, et postérieur du même côté ; les cellules combinées ou intermédiaires aux deux variétés précédentes, qui ont été décrites par Cajal chez le poulet. Elles ont un double cylindraxe : l'un est croisé et passe par la commissure antérieure, l'autre va dans la substance blanche du même côté.

Les *cellules commissurales* sont plus petites que les cellules motrices, elles apparaissent avant les autres cellules de la moelle. Elles sont disséminées sans régularité dans la substance grise, chez les animaux ; chez l'homme, elles seraient plus localisées, et Lenhossek cherche à les délimiter dans la moelle lombaire, à la partie inférieure de la moelle dorsale, et dans le renflement cervical, tandis que, dans les autres parties, elles se mêlent aux cellules motrices. Les cellules commissurales occupent dans les cornes antérieures le groupe médian et antérieur et le groupe médian et postérieur de Waldeyer. Elles s'étendent donc dans la zone médiane ; on ne trouve pas de cellules commissurales dans les cornes postérieures.

Le prolongement nerveux qui part de ces cellules passe par la commissure antérieure pour aller dans la substance blanche de l'autre côté ; il émet le long de son trajet des collatérales qui ont été décrites par Cajal et van Gehuchten chez les animaux, mais que Lenhossek n'a pu constater chez l'homme, aussi appelle-t-il ces cellules cellules à prolongement non ramifié. Le prolongement nerveux peut se terminer dans la substance grise du côté opposé, d'après Golgi : ce sont alors des cellules à court prolongement. Une autre variété consiste dans les cellules à forme combinée de Cajal, le prolongement nerveux se bifurque, une branche est croisée et va au cordon antérieur de l'autre côté, l'autre branche est directe et se continue avec le cordon antérieur de même côté ; ces cellules agissent donc sur les deux côtés de la moelle.

La *commissure antérieure* est l'entrecroisement de toutes ces fibres. Edinger a décrit des fibres qui partent des cornes postérieures pour aller par la commissure antérieure dans le cordon antéro-latéral du côté opposé ; elles ont été vues chez le poulet par Ramon y Cajal, mais elles n'existent pas chez l'homme. Cajal décrit aussi chez les oiseaux l'entrecroisement d'un grand nombre de branches collatérales des fibres du cordon antéro-latéral, et il admet une *commissure protoplasmique* due à l'entrecroisement des dendrites des cellules motrices, fait confirmé par van Gehuchten et Sala.

*Les cellules des cordons*, situées entre la corne antérieure et la corne postérieure, représentent des variétés très différentes de cellules, elles sont ordinairement petites, mais quelques-unes peuvent être très volumineuses et très ramifiées.

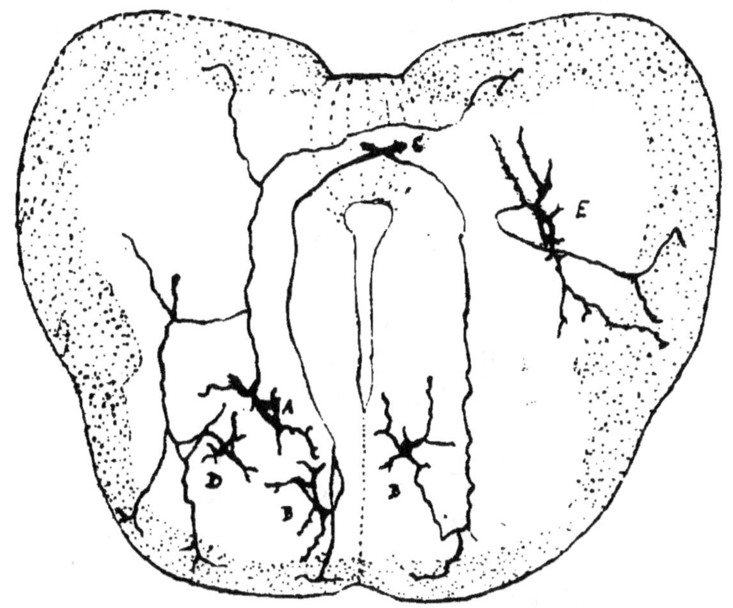


Fig. III. D'après Cajal. Cellules de cylindre complexe. (Embryon de poulet au 8e jour d'incubation.)

A. Cellule des deux cordons antérieurs.
B. Cellules du cordon postérieur du même côté et du cordon antéro-latéral du côté opposé.
C. Cône d'accroissement.
E. Cellule se continuant avec plusieurs fibres du cordon postérieur.
D. Cellule se continuant avec deux fibres du cordon latéral.

Le prolongement nerveux peut aller dans des directions très différentes; il est unique et se continue avec une fibre longitudinale du cordon antéro-latéral du même côté, ou bien il se divise dans la substance grise en deux ou trois branches. Ramon y Cajal décrit, chez le poulet et les mammifères, ces cellules de plusieurs cordons et les divise en cellules des deux cordons antérieurs (une branche passe la commissure antérieure); cellules du cordon latéral d'un côté et du cordon antérieur opposé. (Voir *fig. III.*)

Ce sont, dit Lenhossek, des cellules commissurales à double prolongement; ces différentes formes existent chez l'embryon humain, mais les prolongements nerveux se rendent plus souvent dans le cordon antéro-latéral du même côté, en se courbant pour devenir une fibre longitudinale, ou en se divisant en T, c'est-à-dire en une branche ascendante et une branche descendante, d'après Cajal.

La *colonne de Clarke-Stilling* comprend, on le sait, un groupe bien délimité de cellules; pourtant au-dessus et au-dessous de ce groupe des cellules disséminées dans la substance grise représentent la colonne de Clarke. qui existe ainsi dans toute la moelle. Ramon y Cajal y décrit des cellules commissurales et des *cellules des cordons latéraux*. Ces dernières présentent une grande richesse de dendrites qui sont ondulées et variqueuses : on peut reconnaître trois types de cellules, des cellules *étoilées* lorsque les dendrites se dirigent dans toutes les directions, *fusiformes* lorsque l'axe est dirigé d'avant en arrière, *marginales* ou périphériques, qui sont allongées ou courbées, et dont la concavité embrasse la colonne de Clarke.

La cylindraxe des cellules de Clarke-Stilling, nié par Gerlach, a été démontré par Golgi; il se dirige vers la substance blanche et se bifurque en donnant une branche ascendante et une branche descendante. Il va probablement au faisceau cérébelleux : c'est lui qui constitue le faisceau horizontal cérébelleux de Flechsig, dont nous avons parlé plus haut. D'après Lenhossek, on ne saurait admettre l'opinion de Takacs et de Bechterew de fibres partant de la colonne de Clarke pour aller au cordon de Goll, mais les cordons postérieurs reçoivent quelques prolongements de cellules des cordons situées entre les cornes postérieures et la substance de Rolando.

III. — Les *cellules à prolongement court* siègent dans la substance de Rolando ; leur prolongement nerveux se ramifie dans la substance grise autour des cellules nerveuses. Lenhossek dit qu'elles n'existent dans la moelle humaine que dans le renflement lombaire : elles seraient donc plus limitées que ne l'ont admis Golgi, Cajal, Kölliker et van Gehuchten.

La *substance de Rolando* est principalement caractérisée par ses cellules de névroglie très ramifiées et par leurs fibres en buisson. Elle comprend deux parties, la substance de Rolando. et en arrière la couche zonale des cornes postérieures (Waldeyer), ou zone spongieuse de la substance gélatineuse (Lissauer).

Cette zone contient des cellules nerveuses, fusiformes ou transversales, appelées *cellules limitantes* par Cajal, et dont le prolongement nerveux se dirige en avant puis s'infléchit pour se continuer avec une fibre du cordon latéral, ou se dédouble pour donner une branche au cordon latéral et l'autre au cordon postérieur.

La substance de Rolando, à proprement parler, contient des cellules nerveuses très petites, extrêmement ramifiées, et dont le cylindre-axe se détache du pôle postérieur pour aller dans la couche zonale.

On voit, en résumé, comme les cellules nerveuses présentent de nombreuses variétés, et cela surtout dans les régions postérieures de la moelle ; on retrouve toutes les formes de transition entre les deux types de cellules que nous avons décrits au début de cette revue, le type de Deiters et le type de Golgi.

Lenhossek pour rendre plus claire le description des connexions des éléments nerveux que nous avons faite en grande partie, d'après son mémoire, a établi le schéma suivant :

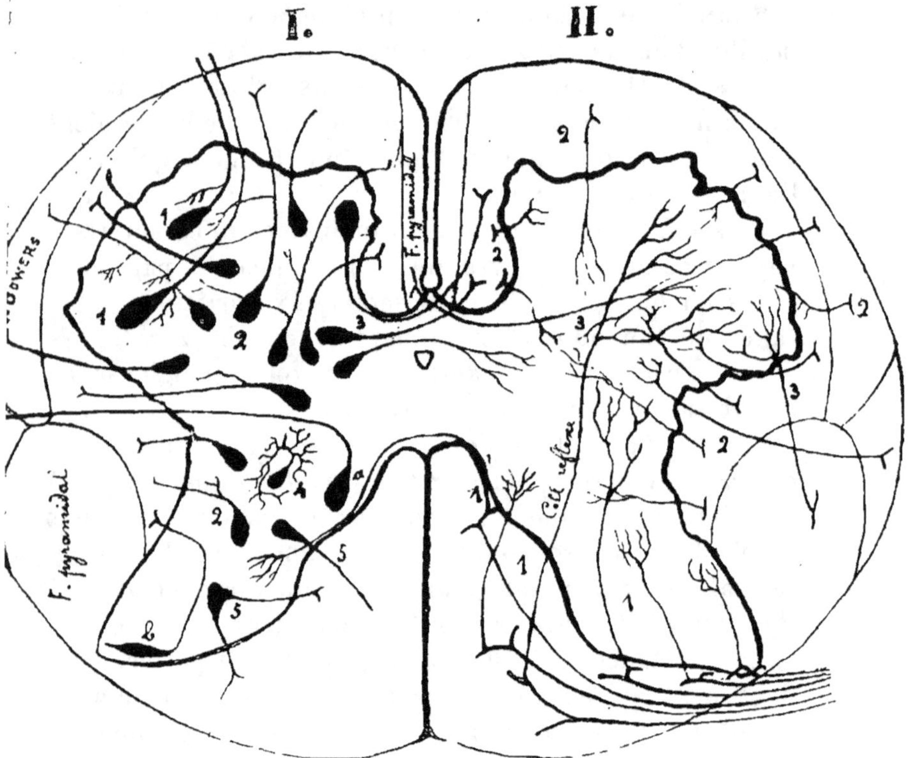



Fig. IV.  Schéma représentant la structure de la moelle,
d'après Lenhossek.

Î. A GAUCHE :

1. Cellules motrices avec racines antérieures et collatérales motrices.

2. Cellules des cordons avec collatérales importantes.

   *a.* Cellule de Clarke ;

   b. Cellule de la substance de Rolando zonale ou limitante.

3. Cellules commissurales.

4. Cellule de Golgi.

5. Cellules des cordons post.

II. A DROITE :

1. Collatérales sensibles se terminant
(de gauche à droite) dans la corne
postérieure du côté opposé, dans
la colonne de Clarke, dans la
corne antérieure, dans la zone
médiane, dans la corne postérieure et dans la substance de
Rolando.

2. Collatérales des cordons antéro-
latéraux.

3. Terminaison hypothétique des collatérales des faisceaux pyrami-
daux.

## MOELLE ALLONGÉE

Nous avons peu de choses à ajouter à la description de la moelle allongée : ce que nous avons dit de la moelle s'applique également ici.

On sait que les fibres des cordons de la moelle se dirigent vers le cerveau et le cervelet, ou se terminent dans la moelle allongée. Les amas de substance grise reçoivent les fines ramifications et les terminaisons de ces fibres et des nerfs sensibles. Les *cellules* de la moelle allongée appartiennent au premier type de Deiters; Kölliker (1) n'aurait pas vu de cellules du second type, cellules à cylindre-axe ramifié de Golgi.

Tandis que les nerfs moteurs proviennent des noyaux d'origine connus, les nerfs *sensibles* ou centripètes ont une origine *périphérique*. Cette origine réelle, comme His le premier l'a montré, est dans les ganglions (ganglion jugulaire et pétreux, ganglion du nerf cochléaire et du vestibule, ganglion géniculé et ganglion de Gasser) ; ce qu'on a appelé à tort noyau d'un nerf sensible n'est, dit Kölliker, que la station terminale ou le noyau terminal du nerf. Les fibres des nerfs sensibles émettent de nombreuses collatérales.

Dans les parties latérales du *Pont de Varole* (pédoncules cérébelleux moyens, crura ad pontem) Kölliker, n'a pas vu de collatérales, tandis que, dans le Pont, on trouve beaucoup de bifurcations et de collatérales des fibres nerveuses.

## CERVELET

D'après Ramon y Cajal, le cervelet est le terrain le plus propice pour élucider les grandes questions de la forme et des relations des éléments nerveux.

Avant les nouvelles méthodes d'imprégnation, on connaissait peu de choses sur le cervelet. C'est à Golgi que revient le mérite d'avoir montré que les cellules de Pur-

(1) Kölliker, *Feinere Bau des verläng. Markes, Anat. Anzeiger*, 1891, vol. VI.

kinje présentaient une richesse d'arborisation qui n'avait
pas été soupçonnée, mais il faisait terminer à tort les
dendrites sur les parois vasculaires. Il a démontré ainsi
un fait indiqué par Waldeyer, que le prolongement cylindraxile des cellules de Purkinje émet des rameaux collatéraux. Il a confirmé l'opinion de Gerlach, Waldeyer et
Ranvier, sur la nature des grains, en montrant qu'il
s'agissait de cellules nerveuses et que ces dernières présentaient des expansions nerveuses. Golgi a décrit enfin
dans le cortex cérébelleux de petites cellules étoilées à cylindre-axe horizontal, et, dans la couche des grains, de
grandes cellules qui envoient des ramifications dans tous
les sens.

Cependant les terminaisons et les connexions intimes
de ces différents éléments restaient inconnues. Ce sont les
belles recherches de Ramon y Cajal sur le cervelet des
oiseaux et des mammifères qui ont élucidé ces questions.
Nous ne pourrons mieux faire que de résumer la description si claire de cet auteur.

Le cervelet se compose de trois couches : 1° la couche
superficielle appelée moléculaire ou granuleuse ; 2° la zone
des grains, qui peut être considérée comme formée de
deux couches, celle des grosses cellules de Purkinje et
celle des grains ou myélocytes ; 3° la substance blanche.

Chez les *embryons* des mammifères, on voit de plus,
comme Schwalbe l'a indiqué, immédiatement au-dessous
de la pie-mère, une quatrième couche avec des cellules
polyédriques. Vignal pense qu'il s'agit là de leucocytes
émigrés. Cette *couche des grains superficiels*, suivant la
dénomination de Ramon y Cajal (2), est formée de cellules épithélioïdes, et profondément de cellules bipolaires,
horizontales. Cajal décrit aussi dans la couche moléculaire sous-jacente du cervelet d'autres cellules bipolaires ;
mais il ne peut dire si ces cellules sont seulement em-
bryonnaires et si elles n'existent plus chez les mammifères adultes.

(2) Ramon y Cajal, *Journal international d'anatomie*, 1890, p. 447.

Nous examinerons les caractères des cellules nerveuses situées dans la couche moléculaire et dans la zone des grains.

CORTEX. — 1° Les *cellules de Purkinje* se laissent bien imprégner par la méthode lente de Golgi, elles ont une forme caractéristique. Elles sont situées à la partie supérieure de la couche des grains et envoient vers la couche superficielle ou moléculaire des prolongements protoplasmiques volumineux qui se ramifient avec une richesse extraordinaire pour aller jusque vers la limite de la circonvolution, comme Henle l'a montré. Ces dendrites, d'après Cajal, se terminent librement de la manière que nous avons indiquée dans les généralités sur la cellule nerveuse ; elles sont, de plus, hérissées de nombreuses saillies épineuses, placées perpendiculairement et, sur lesquelles Cajal a le premier attiré l'attention. Nous reviendrons plus loin sur ces détails si intéressants.

Le *cylindre-axe* des cellules de Purkinje est excessivement fin, il part de l'extrémité inférieure du corps de la cellule, se revêt de suite d'une gaine de myéline et descend à travers les grains vers la substance blanche. Dans ce trajet, il émet quelques collatérales ascendantes qui se dirigent vers la partie inférieure de la couche moléculaire une et s'y ramifient longitudinalement en établissant certaine solidarité d'action entre les cellules de Purkinje.

2° Les *petites cellules étoilées* de la couche moléculaire ont été décrites par Golgi : elles étaient considérées autrefois comme des noyaux. Ces cellules ont des dendrites très ramifiées, et un prolongement nerveux qui prend une direction transversale et se termine librement, lorsqu'il s'agit des cellules étoilées les plus superficielles, d'après la description de Kölliker (1), ou qui émet des branches ascendantes et descendantes pour se terminer d'une manière particulièrement remarquable, comme on le voit pour les petites cellules étoilées moyennes et inférieures, plus volumineuses que les premières. Cajal dit à

_______

(1) Kölliker, *Zeitschr. f. viss. Zoologie*, 1890.

leur sujet (1) : « On n'a jamais été témoin d'un mode de terminaison des fibres nerveuses dans la substanse grise. Pour la terminaison du cylindre-axe des cellules étoilées, nous avons vu qu'il ne s'agissait pas d'un fait isolé, mais de la loi qui régit les relations des éléments nerveux. »

Le *prolongement nerveux* des petites cellules étoilées moyennes et inférieures se dirige transversalement : toutes les branches collatérales descendantes qu'il émet de même que l'arborisation terminale se ramifient autour du corps des cellules de Purkinje. Ce sont les Faserkörbe de Kölliker. En effet, ces ramifications très nombreuses forment comme une sorte de corbeille qui serait tressée autour du protoplasma cellulaire, ou un pinceau se dirigeant en bas pour se terminer à l'origine du cylindre-axe, non encore recouvert de myéline, de la cellule de Purkinje.

Il y a donc un contact très intime, comme le dit Cajal, et une relation dynamique entre les petites cellules étoilées et les cellules de Purkinje.

3° Les *grains* ou noyaux forment une couche épaisse (couche rouillée) entre la substance blanche et la substance grise ou moléculaire. Les grains ont des prolongements protoplasmiques très courts, en petit nombre, 3 à 4, qui se terminent par une arborisation digitiforme et se perdent entre les grains voisins.

Le *prolongement cylindraxile* est très fin ; il part de la cellule ou d'un des prolongements protoplasmiques, monte directement et en traversant la couche des grains vers la substance grise ; il s'arrête à différentes hauteurs de la couche moléculaire pour se diviser à angle droit. Il se transforme ainsi en une fibre longitudinale droite et gauche, ou mieux, en une fibre perpendiculaire aux dendrites des cellules de Purkinje. Cajal dit que ces fibres longitudinales ou *parallèles* n'émettent pas de branches

(1) Ramon y Cajal, *Revista de ciencias medicas de Barcelone*, XVIII, 1892.

collatérales et qu'elles se terminent par un renflement variqueux et libre. Elles sont extrêmement longues et ne peuvent être suivies en entier chez les mammifères adultes, mais bien chez les embryons de petits mammifères et chez les vertébrés inférieurs (reptiles, batraciens). « Partout, ajoute Cajal, ces longues fibres présentent la même disposition, et elles s'appliquent contre les dendrites des cellules de Purkinje et les épines qui s'y trouvent. » On ne saurait mieux comparer cet aspect qu'à celui des fils accrochés aux poteaux télégraphiques. Cajal insiste sur ce moyen d'union entre les grains et les cellules de Purkinje ; un grain peut agir par cette fibre longitudinale sur toutes les cellules qu'il rencontre dans son long parcours, et inversement une cellule de Purkinje peut agir sur tous les grains sous-jacents.

4° Les *grandes cellules étoilées* de la zone des grains sont peu nombreuses : elles ont été bien décrites par Golgi. Elles sont caractérisées par leurs rameaux protoplasmiques étendus, qui rayonnent dans toutes les directions et envahissent même la couche moléculaire, et par leur *prolongement nerveux* qui se ramifie très rapidement en formant un plexus abondant entre les grains. Le prolongement nerveux ne se termine pas en réseau comme le dit Golgi, mais par des extrémités libres.

Substance blanche. — On observe plusieurs sortes de fibres nerveuses dans l'écorce cérébelleuse, comme nous venons de le voir. D'après leur direction, on peut les diviser en trois principaux groupes.

Les fibres *radiées* ou ascendantes viennent des parties profondes pour se terminer entre les cellules de Purkinje et leurs dendrites. D'autres, assez abondantes, forment une couche transversale, située au-dessus de la zone des grains : ce sont les *fibres tangentielles et transversales* qui comprennent, entre autres, un grand nombre des prolongements cylindraxiles des petites cellules étoilées. Enfin, sur une coupe transversale, on remarque que la couche moléculaire (ou granuleuse) est finement ponctuée : cet aspect est dû à la section des fibres *longitudinales*, ou en T, qui sont la continuation des prolongements cylindra-xiles des grains.

Ramon y Cajal décrit trois catégories de fibres nerveuses dans le cervelet : des fibres descendantes ou prolon-

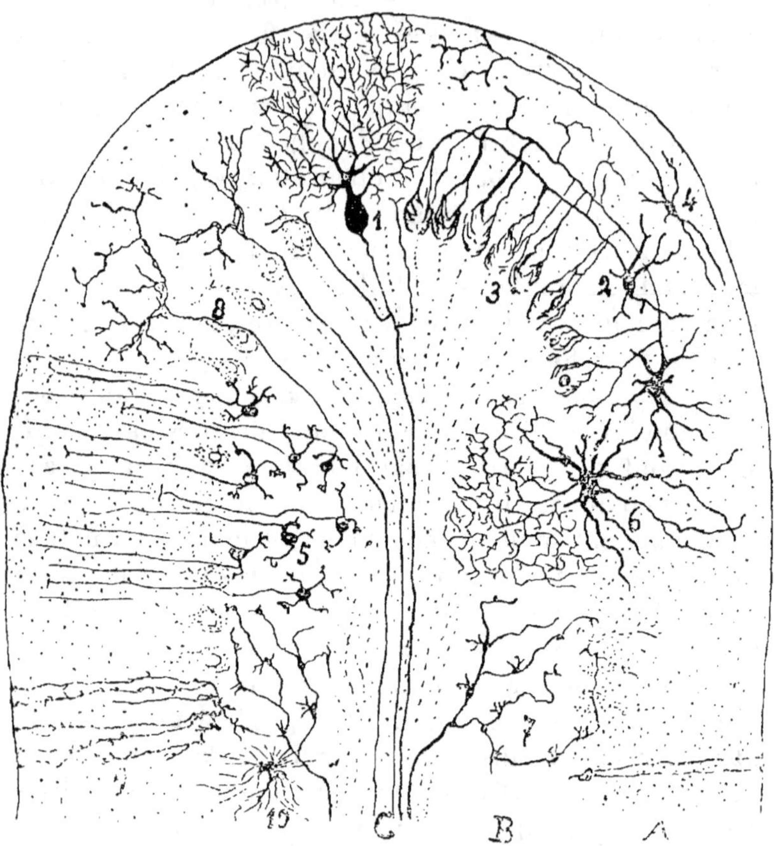

Fig. V. D'après Cajal. Coupe demi-schématique et transversale d'une circ. cérébelleuse d'un mammifère.

A. Couche moléculaire. — B. Couche des grains. — C. Substance blanche.

1. Cellule de Purkinje vue de face.
2. Petites cellules étoilées de la couche moléculaire.
3. Leur terminaison autour des cellules de Purkinje.
4. Petite cellule étoilée superficielle.
5. Grains à cylindre-axe ascendant et bifurqué en T pour donner une fibre longitudinale.
6. Grande cellule étoilée de la couche des grains.
7. Fibres moussues.
8. Fibres grimpantes.
9. Cellule névroglique en panache.
10. Cellule de névroglie dans la couche des grains.

gements nerveux des cellules de Purkinje, des fibres ascendantes et ramifiées dans le cortex.

1° Les fibres *descendantes* partent des cellules de Purkinje ; elles sont peu nombreuses, émettent quelques branches collatérales dans la couche des grains, puis se rendent dans la substance blanche pour aller dans les différents centres nerveux.

2° Les fibres *ascendantes* qui se terminent librement par des nodosités dans la couche des grains ont reçu de Ramon y Cajal le nom de *fibres moussues* (Fibras musgosas). Ce nom vient de la singularité qu'elles présentent : de place en place on y remarque des épaississements érigés de quelques filaments divergents qui les font ressembler à la mousse qui recouvre les arbres. Il ne s'agit pas, comme Kölliker l'a pensé, d'un artifice dû au mode de préparation ; d'autres auteurs, van Gehuchten, Retzius, Lenhossek, ont confirmé ce fait, et Cajal dit que son frère a observé ces mêmes détails chez tous les vertébrés. Il s'agit donc bien d'une disposition normale. Cajal pense qu'il faut peut-être voir dans les fibres moussues, épaisses et très ramifiées, la continuation des fibres cérébelleuses de la moelle.

3ᶜ Les fibres ascendantes qui vont dans la couche moléculaire offrent un grand intérêt à cause de leur mode de terminaison. Cajal les appelle *fibres grimpantes* (Fibras trepadoras). Elles sont épaisses, peu ramifiées, et s'appliquent aux branches des cellules de Purkinje, comme les lianes à un arbre des Tropiques, pour se terminer par une arborisation plexiforme autour des rameaux primitifs et secondaires de ces cellules.

C'est, d'après cet auteur, un enlacement nerveux étroit, très favorable à la transmission des courants nerveux. Le contact, dit Cajal, se fait, soit par le corps de la cellule, soit par les dendrites, puisque certains prolongements cylindraxiles se terminent sur ces dendrites.

La cellule de Purkinje peut être impressionnée d'une manière variée ; ses connexions sont multiples et distinctes. Le corps de la cellule est entouré par les fibres en corbeille des cellules étoilées ; les dendrites sont enlacées par le plexus terminal des fibres grimpantes, d'origine cérébrale ou médullaire ; les épines qui hérissent les dendrites sont en contact avec les fibres longitudinales des grains.

Ces détails sont reproduits dans la figure demi-schématique de Ramon y Cajal.

Les cellules de névroglie, abondantes dans la substance blanche, sont rares dans la couche des grains. Elles envoient des fibres parallèles vers la périphérie et se terminent sur la pie-mère par des extrémités en bouton.

## CERVEAU

La structure de l'écorce cérébrale a été l'objet des investigations de nombreux auteurs. Nous retrouvons ici les mêmes vues théoriques qui ont été appliquées aux autres régions du système nerveux. Ainsi l'on a admis que le cylindre-axe des cellules cérébrales restait simple sans se ramifier, et Boll reprenait l'idée de Gerlach, d'un réseau formé par les prolongements protoplasmiques des cellules, d'où partaient les fibres à myéline.

Golgi montra que les faits qu'il avait découverts à l'aide de sa méthode pouvaient être constatés également dans l'écorce cérébrale. On y observe aussi l'absence d'anastomoses entre les prolongements protoplasmiques, et l'on voit le cylindre-axe émettre des collatérales. D'après Flechsig, ces collatérales ont une gaine de myéline.

Les travaux importants de Ramon y Cajal, His, Kölliker, Retzius, etc., ont augmenté beaucoup nos connaissances histologiques sur le cortex cérébral.

SUBSTANCE GRISE. — La distinction des couches corticales, telle que l'a établie Meynert, peut être conservée.

Meynert décrivait les cinq couches suivantes : la couche granuleuse, la couche des petites cellules pyramidales, la couche des grandes cellules pyramidales, la couche des petites cellules irrégulières, la couche des cellules fusiformes. Ramon y Cajal réunit les deux couches profondes, sous le nom de couche des éléments polymorphes, et admet par suite quatre couches. On peut simplifier encore et ne décrire que trois couches : 1° la couche granuleuse moléculaire; 2° la couche des cellules pyramidales; 3° la couche des éléments polymorphes, en confondant dans une même couche la couche des petites cellules pyramidales et celle des grandes cellules pyramidales. Ces deux couches, en effet, se délimitent fort mal, leurs cellules présentent de nombreuses transitions et ne diffèrent que par leurs dimensions.

I. *Couche moléculaire.* — Cette couche, la plus superficielle, a reçu des interprétations bien différentes. Henle et Wagner en faisaient une masse fluide des cellules nerveuses, Virchow de la névroglie. C'est Kuppfer qui lui a donné le nom de substance moléculaire. (Voir Meynert, *Stricker's Handbuch*). Cette couche, qui est finement granuleuse et qui présente quelques noyaux, comprend les fines fibrilles à myéline, décrites par Remak, Kölliker, Exner et d'autres auteurs. Ces fibrilles étaient considérées par eux comme formant la couche la plus externe ; mais Golgi et Martinotti ont décrit au-dessus de ces fibrilles, et directement au-dessous de la pie-mère, une autre couche sans fibrilles, qui a été admise par Retzius (1). Dans cette couche sans fibrilles se trouvent des cellules de névroglie coniques, ramifiées, qui envoient à la pie-mère des prolongements en forme de boutons. Entre les cellules de névroglie, on voit les dendrites des cellules nerveuses pyramidales, qui arrivent jusqu'à la pie-mère, et nous avons dit déjà que Golgi pensait qu'elles s'y fixaient par des extrémités triangulaires, d'où son opinion sur le rôle purement nutritif des dendrites.

En ce qui concerne les fibres à myéline horizontales et superficielles, Martinotti a montré deux faits d'une grande importance : presque toutes ces fibres se ramifient comme

(1) Retzius, *Verhardl. d. biol. Ver.*, in Stockholm, 1891.

si elles étaient la terminaison de cylindres, et quelques-
unes de ces fibres se coudent pour devenir verticales, et
elles se continuent avec le prolongement cylindraxile
ascendant de certaines cellules pyramidales.

Ramon y Cajal, dans les leçons qu'il a faites à l'Uni-
versité de Barcelone, fait remarquer la disproportion qui
existe entre le grand nombre des fibres tangentielles et le
petit nombre des prolongements cylindraxiles ascendants.
Cajal a pensé par suite que beaucoup de noyaux, considérés comme névrogliques, pouvaient être mal imprégnés par la méthode de Golgi, et qu'il s'agissait probablement de cellules nerveuses, origine des fibres tangentielles.

Ses soupçons se confirmèrent chez les petits mammifères, et il constata les types suivants de cellules :

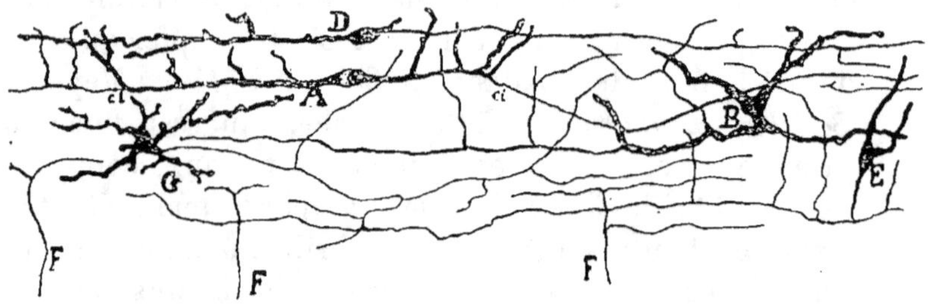


Fig. VI. D'après Cajal. Cellules de la couche superficielle du cerveau.

A. Cellule fusiforme avec 2 cylindres-axes horizontaux (ci). — B. Cellule triangulaire. — C. Cellule polygonale avec un seul cylindre-axe.
— D. Cellule fusiforme avec un cylindre-axe horizontal. — E. Petite
cellule avec un cylindre-axe bifurqué. — F. Fibres nerveuses ascendantes et bifurquées en T.

1° Des cellules *polygonales* (C), de moyen volume,
avec 4 à 6 prolongements protoplasmiques déliés et ramifiés. Le cylindre-axe, qui part d'un des côtés de la cellule ou d'un prolongement protoplasmique, se dirige
horizontalement et se ramifie en donnant des branches
variqueuses parallèles à l'écorce ;

2° Des cellules *fusiformes* (A) ovoïdes, fort remarqua-
bles. En effet, de leurs pôles, on voit partir deux expansions protoplasmiques, habituellement rectilignes, qui se

terminent dans la couche superficielle, après avoir formé un coude assez brusque. Le cylindre-axe est double, quelquefois triple, ce qu'on ne voit pas pour d'autres cellules nerveuses. Le cylindre-axe double part de chacun des coudes formés par le prolongement protoplasmique, il se prolonge dans la même direction horizontale en donnant de nombreux rameaux collatéraux et terminaux;

3° Des cellules *triangulaires* (B), qui semblent être une modification du type précédent. Leurs prolongements protoplasmiques, plus volumineux, sont habituellement au nombre de trois. Les prolongements cylindraxiles multiples s'étendent horizontalement et se résolvent en arborisations variqueuses qui, comme *celles des autres cellules, semblent en connexion avec les dendrites périphériques des cellules pyramidales;*

4° Des cellules *fusiformes unipolaires* (D) se voient aussi chez quelques mammifères nouveau-nés; mais Cajal ne peut dire si ces cellules représentent seulement une phase évolutive des cellules fusiformes, décrites plus haut, ou si elles existent aussi chez l'adulte. Ces cellules ont une seule expansion protoplasmique, horizontale et ramifiée; de l'autre extrémité part le cylindre-axe qui émet des collatérales, se détachant à angle droit, et se termine par une arborisation horizontale.

« *Toutes ces fibres autochtones*, dit Ramon y Cajal, forment avec les *fibres ascendantes* qui proviennent des couches inférieures, un riche plexus. Les ramifications terminales des dendrites des cellules pyramidales passent entre les mailles de ce plexus. Ces dendrites sont hérissées également de saillies épineuses, et il se produit là un contact transversal nerveux, semblable à celui qui a été décrit dans le cervelet, entre les fibres des myélocytes et les dendrites des cellules de Purkinje. »

II. *La zone des cellules pyramidales* est la réunion de deux couches : celle des petites cellules pyramidales, la plus superficielle, dont les cellules ont en moyenne de 10 à 12 μ., et celle des grandes cellules pyramidales, qu mesurent de 20 à 30 μ.. Toutes ces cellules présentent les mêmes caractères : ce sont les cellules dont la fonction est la plus élevée, les *cellules psychiques*, qui se simplifient quand on descend l'échelle animale. Leur extrémité supérieure se prolonge pour former l'*expansion primordiale* d'où se détachent des expansions latérales.

L'expansion *primordiale*, qui se développe avant les autres prolongements, se dirige en haut et se décompose, d'après Cajal, en un splendide panache de rameaux protoplasmiques. Ces rameaux se terminent librement dans toute l'épaisseur de la zone moléculaire, et partout où il y a des arborisations nerveuses terminales. Retzius a confirmé ces faits chez les fœtus humains. Ramon y Cajal montre que chez certains animaux le panache part directement du corps de la cellule nerveuse ; il s'élève d'autant plus que l'animal appartient à une classe plus élevée. La réunion de tous les panaches, ajoute-t-il, forme un *plexus protoplasmique* très serré, qui donne à cette région un aspect finement réticulé, lorsque l'on examine des préparations colorées au carmin.

Les expansions *secondaires* partent des parties latérales de la cellule pyramidale, à angle droit ou à angle aigu, pour se terminer après quelques divisions dichotomiques comme les expansions *basilaires* qui se détachent de la base de la cellule nerveuse, à la manière des racines, pour se diriger vers les parties inférieures.

Le *cylindre-axe* part de la base de la cellule ou d'une expansion protoplasmique pour se diriger vers la substance blanche. Il émet dans son trajet 6 à 10 *collatérales* fines et extraordinairement longues, qui possèdent une gaine de myéline avec des étranglements annulaires de Ranvier. Les collatérales, d'après la description de Ramon y Cajal, sont horizontales ou obliques, et se dichotomisent deux ou trois fois ; les plus fines se terminent par un renflement. Arrivé à la substance blanche, le cylindre-axe se bifurque en donnant *deux* tubes nerveux.

Les prolongements cylindraxiles des cellules pyramidales se continuent, comme on le sait, avec les fibres de projection, mais il faut ajouter qu'un grand nombre de leurs branches de bifurcation vont dans le corps calleux.

III. *Couche des cellules polymorphes.* — Cette couche, la quatrième d'après l'ordre adopté par Ramon y Cajal, est caractérisée, dit cet auteur par l'absence d'orientation des cellules qui sont ovoïdes, fusiformes, triangulaires ou polygonales. Le *cylindre-axe* de beaucoup de ces cellules donne trois à quatre collatérales, descend vers la substance blanche, se coude ou se bifurque en T, donnant ainsi une ou deux fibres nerveuses.

On observe dans cette couche des *cellules à cylindre axe ramifié et court* du type de Golgi, mais elles sont en petit nombre ; les ramifications de leur cylindre-axe forment une arborisation étendue qui enlace les autres cellules.

D'autres cellules (*c*) ont été décrites par Martinotti (1). Ces cellules ont un *cylindre-axe ascendant;* elles sont fusiformes ou triangulaires, présentant des dendrites ascendantes ou descendantes. Leur cylindre-axe part souvent d'un prolongement protoplasmique, monte vers la couche moléculaire et donne deux

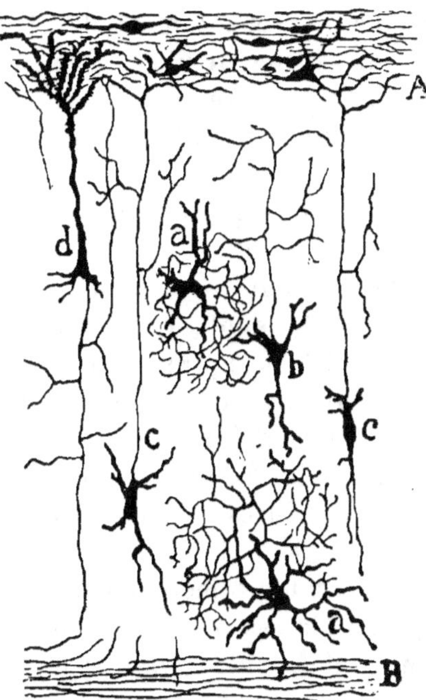

Fig. VIII. D'après Cajal. Substance grise du cerveau.

A. Couche moléculaire.
  *a.* Cellules à cylindre-axe ramifié.
  *b.* Cellule à cylindre-axe ascendant.
  *c.* Cellule à cylindre-axe ascendant qui se ramifie dans la couche moléculaire.
  *d.* Petite cellule pyramidale.
B. Substance blanche.

1) Martinotti, *Internat. Monatsschrift f. Anat. und Phys.*, vol. VII, 1890.

ou trois branches ; d'autres fois il s'arrête à la couche des petites cellules pyramidales (*d*).

On trouve donc dans le cortex cérébral les trois types suivants de cellules :

Cellules de Golgi à cylindre court et ramifié ;

Cellules à cylindre long ou de Deiters ;

Cellules à cylindre-axe multiple.

Substance blanche. — La substance blanche, on le sait ne contient pas de cellules nerveuses mais des fibres. Ramon y Cajal décrit quatre sortes de fibres nerveuses : 1° les fibres de projection ; 2° les fibres calleuses ou commissurales ; 3° les fibres d'association ; 4° les fibres terminales ou centripètes.

Les travaux d'anatomie pathologique ont mis en lumière le trajet des *fibres de projection* qui viennent de toutes les régions du cortex, se réunissent dans la capsule interne pour aller former les pédoncules cérébraux. Cajal dit que chez les petits mammifères la plupart de ces fibres présentent une bifurcation au niveau du corps calleux ; d'autres fibres conservent leur individualité et vont se terminer autour des dendrites des cellules motrices de la moelle. Suivant Kölliker, ces fibres agissent avec une grande intensité sur la moelle.

D'après Monakow, les fibres de projection proviennent des grandes cellules pyramidales, mais il est probable aussi qu'un certain nombre de cellules polymorphes leur donnent également naissance.

Les *fibres commissurales* traversent la commissure antérieure et le corps calleux. D'après Cajal, elles ont une gaine de myéline d'une grande délicatesse et sont si fines qu'on pourrait les prendre pour des collatérales. Ces fibres calleuses émettent quelques branches collatérales qui se détachent à angle droit et se perdent dans la substance grise.

Le corps calleux contient donc, en dehors des collatérales ou des branches de bifurcation qui viennent des fibres de projection et des fibres d'association, des fibres ner-

veuses directes, les fibres commissurales ou du corps
calleux. Les petites cellules pyramidales leur donnent
naissance et ces fibres se terminent par arborisation à la
manière des collatérales. La fibre du corps calleux, dit
Ramon y Cajal, ne met pas seulement en relation des régions symétriques, c'est un système d'association plus
complexe, car plusieurs territoires différents peuvent être
mis en relations par les collatérales.

Les *fibres d'association* constituent la majeure partie
de la substance blanche, elles se mêlent aux fibres de projection et aux fibres du corps calleux. Elles prennent leur
origine des cellules nerveuses situées dans la zone des
cellules pyramidales et dans la couche des cellules polymorphes. Cajal dit qu'elles se bifurquent en T et qu'elles
se terminent en enlaçant les éléments polymorphes et les
grandes cellules pyramidales : elles mettent ainsi en relation des cellules de territoires différents.

Les fibres d'association émettent de nombreuses collatérales ascendantes et ramifiées, qui vont dans les différentes couches du cortex et jusqu'à la couche moléculaire,
tandis que d'autres branches pénètrent dans la substance
blanche ou dans les couches grises profondes et se terminent par une arborisation libre. A côté des fibres d'association, qui se terminent dans la substance grise, il est
d'autres fibres arborisées *centripètes* qui partent du cervelet, de la moelle, etc., et qui se résolvent dans le cortex.

En résumé, dans le cerveau, dit Ramon y Cajal, on ne
peut délimiter les cellules qui sont mêlées les unes aux
autres ni affirmer leurs fonctions sensitive, motrice ou
commissurale. Le courant par contact se fait des dendrites
vers le cylindre-axe, l'impulsion nerveuse part probablement de la couche moléculaire où l'excitation se diffuse,
puis il se répand sur les panaches des cellules pyramidales
Les panaches de ces cellules reçoivent des courants :
1° des cellules autochtones de la couche moléculaire ;
2° des cellules fusiformes à cylindre-axe ascendant ; 3° des
cellules pyramidales d'association (fibres arborisées et

collatérales) ; 4° des cellules cérébelleuses et médullaires;
5° des cellules de l'hémisphère opposé.


## MÉTHODES


· Les méthodes qui ont fait progresser nos connaissances
sur le système nerveux et qui ont permis de colorer les
prolongements cellulaires sont celles de Golgi (de Pavie),
1875, et d'Ehrlich, avec le bleu de méthylène (1886).

La méthode d'Ehrlich avec le bleu de méthylène est
surtout précieuse pour le système nerveux périphérique.
Elle colore les fibres sensibles, les terminaisons des nerfs
de l'odorat et du goût, les nerfs des muscles lisses et du
cœur, etc. Le bleu de méthylène a une affinité spéciale
pour la substance du cylindre-axe et colore les fibres qui
ont une réaction alcaline.

On injecte dans les artères de l'animal vivant ou immédiatement après la mort une solution filtrée de bleu de méthylène à 4 p. 100. On expose les tissus à l'air jusqu'à ce
que la teinte bleuâtre se produise : 1/4 d'heure à 3/4
d'heure pour les mammifères, beaucoup plus longtemps
pour les animaux à sang froid.

On fixe avec une solution aqueuse concentrée de picrate
d'ammoniaque pendant un temps variable, 20 minutes à
18 heures. On dissocie ou l'on coupe avec le microtome
à congélation. Les coupes sont mises dans un mélange à
parties égales de glycérine et d'eau.

Nous insisterons davantage sur les méthodes d'imprégnation.

Golgi mettait pendant un temps variable, 14 à 50 jours
ou mieux de 20 à 30 jours dans le liquide de Müller ou
dans le bichromate de potasse à 2 p. 100 en portant rapidement cette dernière solution à 5 p. 100, des morceaux de 1/2
à 1 centimètre cube du système nerveux. Ils étaient bien
lavés dans la solution faible de nitrate d'argent et placés
de 24 à 48 heures dans une solution de nitrate d'argent à

0,75 p. 100. On lavait rapidement à l'alcool, on collait sur un bouchon et on coupait. Alcool absolu, créosote et térébenthine pour éclaircir, ou essence de girofle, résine Dammar. Ne pas mettre de lamelle couvre-objet car l'imprégnation d'argent disparaîtrait au bout de quelque temps, soit, comme le dit Schiefferdecker, parce que le couvre-objet laisse sécher rapidement le baume à la périphérie tandis que le milieu reste humide et abîme l'imprégnation, soit parce qu'il se produit là une pression et des courants qui favorisent la dissémination du précipité d'argent disposé d'une manière peu adhérente à la surface et dans les éléments nerveux.

Golgi obtenait les mêmes résultats en remplaçant la solution d'argent par une solution de sublimé à 0,50 ou 0,25 p. 100 qu'il renouvelait. Il laissait les morceaux aussi longtemps que dans le bichromate, au minimum 8 à 10 jours.

A côté de cette méthode lente, Golgi en a décrit une plus rapide. Les morceaux de substance nerveuse sont placés dans le mélange suivant :

Acide osmique 1 p. 100.............  2 parties
Bichromate de potasse 2 p. 100......  8 parties

pendant 2 à 3 jours, puis dans la solution d'argent, etc., comme ci-dessus.

Ramon y Cajal auquel revient le mérite d'avoir tiré de cette méthode tout ce qu'elle pouvait donner, en l'appliquant plus particulièrement aux embryons. emploie la méthode rapide. On met pendant 24, 36 ou 48 heures, suivant que l'embryon est plus ou moins âgé, des morceaux aussi frais que possible, c'est là une des conditions du succès, dans la solution :

Acide osmique 1 p. 100............  1 partie
Bichromate de potasse 3.5 p. 100...  4 parties

On place le tout dans l'obscurité et on renouvelle le liquide au bout de quelques heures. On sèche sur papier buvard les morceaux durcis, on les lave dans une solution faible à 0,25 p. 100 d'argent, puis on les met 36 à 48 heures dans une solution de nitrate d'argent à 0,75 p. 100.

Lenhossek ajoute une goutte d'acide formique à 200 gr. de solution d'argent. Les morceaux doivent être de 3 à 4 millimètres de long et ils sont placés dans 40 à 50 centimètres cubes de solution où ils restent de 2 à 3 jours ou même davantage, la pénétration se faisant lentement. Alcool absolu quelques minutes ; on met les morceaux dans de la moelle de sureau creusée, on y verse un peu de celloïdine, puis alcool à 80°. Dès que la celloïdine est durcie, on coupe. Les coupes doivent être épaisses. Alcool, essence de girofles ou bergamote, xylol, Dammar au xylol ; ne pas mettre de lamelle couvre-objet.

Lenhossek dit que les moelles d'embryon de poule sont les meilleures (du 7e au 10e jour d'incubation), on les laisse de 12 à 48 heures dans la solution chromo-osmique.

La durée varie d'ailleurs suivant les éléments que l'on veut montrer. Il faut de 12 à 20 heures pour la névroglie, de 20 à 24 heures pour les cellules nerveuses, 24 à 36 heures pour les fibres.

La moelle d'embryon humain demande un temps plus long. D'après Lenhossek, il faut pour

la névroglie de. . . . . . . . 2 à 3 jours ;
pour les cellules nerveuses de. . 3 à 5 jours ;
pour les fibres de. . . . . . 5 à 7 jours.

Le cervelet d'un embryon ou d'un nouveau-né de cochon d'Inde nécessite un séjour de 3 à 5 jours dans la solution chromo-osmique ; le cerveau d'un lapin nouveau-né, 5 jours.

Une critique que l'on peut adresser à ces méthodes, c'est qu'elles ne permettent pas de différencier suffisamment les cellules de la névroglie des éléments nerveux : aussi faut-il attendre, pensons nous, le contrôle par les méthodes de Weigert, qui seront publiées prochainement.

Paris. — Imprimerie F. Levé, rue Cassette, 17.

www.ingramcontent.com/pod-product-compliance
Lightning Source LLC
LaVergne TN
LVHW020553060726
842525LV00004B/1431